青少年科技创新丛书

乐高EV3机器人
初级教程

高山 著

清华大学出版社
北　京

内 容 简 介

本书所使用的机器人是乐高 EV3 机器人,它是乐高公司推出的最新智能机器人套装。乐高 EV3 机器人使用积木进行搭建,简单易学,能够搭建出复杂的机械结构;使用图形化的编程语言,功能强大,对于机器人初学者来说是一个非常不错的学习平台。

本书以授课的形式,通过大量的机器人实例和搭建配图,讲解机器人的机械结构搭建,详细讲解了齿轮、连杆等机器人基本技术的原理和应用,并且鼓励学生去想象和思考,从而建构出自己的机器人。本书通过生动形象的机器人实例讲授 EV3 程序,让学生充分掌握乐高机器人的编程方法。

本书可以作为机器人初学者的学习用书,也可以作为机器人辅导教师授课的参考用书。

本书封面贴有清华大学出版社防伪标签,无标签者不得销售。

版权所有,侵权必究。举报:010-62782989,beiqinquan@tup.tsinghua.edu.cn。

图书在版编目(CIP)数据

乐高 EV3 机器人初级教程/高山著. --北京:清华大学出版社,2014(2021.12重印)
(青少年科技创新丛书)
ISBN 978-7-302-37335-3

Ⅰ. ①乐… Ⅱ. ①高… Ⅲ. ①智能机器人-青少年读物 Ⅳ. ①TP242.6-49

中国版本图书馆 CIP 数据核字(2014)第 159511 号

责任编辑:帅志清
封面设计:刘 莹
责任校对:刘 静
责任印制:朱雨萌

出版发行:清华大学出版社
       网　　址:http://www.tup.com.cn,http://www.wqbook.com
       地　　址:北京清华大学学研大厦 A 座　　　　邮　　编:100084
       社 总 机:010-62770175　　　　　　　　邮　　购:010-62786544
       投稿与读者服务:010-62776969,c-service@tup.tsinghua.edu.cn
       质量反馈:010-62772015,zhiliang@tup.tsinghua.edu.cn
印 装 者:涿州汇美亿浓印刷有限公司
经　　销:全国新华书店
开　　本:185mm×260mm　　　印　　张:9.75　　　字　　数:217 千字
版　　次:2014 年 9 月第 1 版　　　印　　次:2021 年 12 月第 12 次印刷
定　　价:48.00 元

产品编号:059525-01

《青少年科技创新丛书》
编 委 会

主　编：郑剑春

副主编：李梦军　葛　雷

委　员：（按拼音排序）

曹　双	冯清扬	付丽敏	高　山
景维华	李大维	李　璐	梁志成
刘佳鑫	刘　京	刘玉田	毛　勇
曲峻莹	王德庆	王家文	王建军
王君英	王　丽	魏晓晖	吴俊杰
向　金	谢作如	修金鹏	徐　炜
叶　琛	于方军	张春昊	张源生
张政桢	赵　亮	赵小波	

序 （1）

吹响信息科学技术基础教育改革的号角

（一）

信息科学技术是信息时代的标志性科学技术。 信息科学技术在社会各个活动领域广泛而深入的应用，就是人们所熟知的信息化。 信息化是 21 世纪最为重要的时代特征。 作为信息时代的必然要求，它的经济、政治、文化、民生和安全都要接受信息化的洗礼。 因此，生活在信息时代的人们应当具备信息科学的基本知识和应用信息技术的能力。

理论和实践表明，信息时代是一个优胜劣汰、激烈竞争的时代。 谁先掌握了信息科学技术，谁就可能在激烈的竞争中赢得制胜的先机。 因此，对于一个国家来说，信息科学技术教育的成败优劣，就成为关系国家兴衰和民族存亡的根本所在。

同其他学科的教育一样，信息科学技术的教育也包含基础教育和高等教育两个相互联系、相互作用、相辅相成的阶段。 少年强则国强，少年智则国智。 因此，信息科学技术的基础教育不仅具有基础性意义，而且具有全局性意义。

（二）

为了搞好信息科学技术的基础教育，首先需要明确：什么是信息科学技术？ 信息科学技术在整个科学技术体系中处于什么地位？ 在此基础上，明确：什么是基础教育阶段应当掌握的信息科学技术？

众所周知，人类一切活动的目的归根结底就是要通过认识世界和改造世界，不断地改善自身的生存环境和发展条件。 为了认识世界，就必须获得世界（具体表现为外部世界存在的各种事物和问题）的信息，并把这些信息通过处理提炼成为相应的知识；为了改造世界（表现为变革各种具体的事物和解决各种具体的问题），就必须根据改善生存环境和发展条件的目的，利用所获得的信息和知识，制定能够解决问题的策略并把策略转换为可以实践的行为，通过行为解决问题、达到目的。

可见，在人类认识世界和改造世界的活动中，不断改善人类生存环境和发展条件这个目的是根本的出发点与归宿，获得信息是实现这个目的的基础和前提，处理信息、提炼知识和制定策略是实现目的的关键与核心，而把策略转换成行为则是解决问题、实现目的的最终手段。 不难明白，认识世界所需要的知识、改造世界所需要的策略以及执行策略的行为是由信息加工分别提炼出来的产物。于是，确定目的、获得信息、处理信息、提炼知识、制定策略、执行策略、解决问题、实现目的，就自然地成为信息科学技术

的基本任务。

这样，信息科学技术的基本内涵就应当包括：①信息的概念和理论；②信息的地位和作用，包括信息资源与物质资源的关系以及信息资源与人类社会的关系；③信息运动的基本规律与原理，包括获得信息、传递信息、处理信息、提炼知识、制定策略、生成行为、解决问题、实现目的的规律和原理；④利用上述规律构造认识世界和改造世界所需要的各种信息工具的原理和方法；⑤信息科学技术特有的方法论。

鉴于信息科学技术在人类认识世界和改造世界活动中所扮演的主导角色，同时鉴于信息资源在人类认识世界和改造世界活动中所处的基础地位，信息科学技术在整个科学技术体系中显然应当处于主导与基础双重地位。信息科学技术与物质科学技术的关系，可以表现为信息科学工具与物质科学工具之间的关系：一方面，信息科学工具与物质科学工具同样都是人类认识世界和改造世界的基本工具；另一方面，信息科学工具又驾驭物质科学工具。

参照信息科学技术的基本内涵，信息科学技术基础教育的内容可以归结为：①信息的基本概念；②信息的基本作用；③信息运动规律的基本概念和可能的实现方法；④构造各种简单信息工具的可能方法；⑤信息工具在日常活动中的典型应用。

（三）

与信息科学技术基础教育内容同样重要甚至更为重要的问题是要研究：怎样才能使中小学生真正喜爱并能够掌握基础信息科学技术？其实，这就是如何认识和实践信息科学技术基础教育的基本规律的问题。

信息科学技术基础教育的基本规律有很丰富的内容，其中有两个重要问题：一是如何理解中小学生的一般认知规律，二是如何理解信息科学技术知识特有的认知规律和相应能力的形成规律。

在人类（包括中小学生）一般的认知规律中，有两个普遍的共识：一是"兴趣决定取舍"，二是"方法决定成败"。前者表明，一个人如果对某种活动有了浓厚的兴趣和好奇心，就会主动、积极地探寻奥秘；如果没有兴趣，就会放弃或者消极应付。后者表明，即使有了浓厚的兴趣，如果方法不恰当，最终也会导致失败。所以，为了成功地培育人才，激发浓厚的兴趣和启示良好的方法都非常重要。

小学教育处于由学前的非正规、非系统教育转为正规的系统教育的阶段，原则上属于启蒙教育。在这个阶段，调动兴趣和激发好奇心理更加重要。中学教育的基本要求同样是要不断调动学生的学习兴趣和激发他们的好奇心理，但是这一阶段越来越重要的任务是要培养他们的科学思维方法。

与物质科学技术学科相比，信息科学技术学科的特点是比较抽象、比较新颖。因此，信息科学技术的基础教育还要特别重视人类认识活动的另一个重要规律：人们的认识过程通常是由个别上升到一般，由直观上升到抽象，由简单上升到复杂。所以，从个别的、简单的、直观的学习内容开始，经过量变到质变的飞跃和升华，才能掌握一般的、抽象的、复杂的学习内容。其中，亲身实践是实现由直观到抽象过程的良好途径。

综合以上几方面的认知规律，小学的教育应当从个别的、简单的、直观的、实际的、有趣的学习内容开始，循序渐进，由此及彼，由表及里，由浅入深，边做边学，由低年级到高年级，由小学到中学，由初中到高中，逐步向一般的、抽象的、复杂的学习内容过渡。

（四）

我们欣喜地看到，在信息化需求的推动下，信息科学技术的基础教育已在我国众多的中小学校试行多年。感谢全国各中小学校的领导和教师的重视，特别感谢广大一线教师们坚持不懈的努力，克服了各种困难，展开了积极的探索，使我国信息科学技术的基础教育在摸索中不断前进，取得了不少可喜的成绩。

由于信息科学技术本身还在迅速发展，人们对它的认识在不断深化。由于"重书本"、"重灌输"等传统教育思想和教学方法的影响，学生学习的主动性、积极性尚未得到充分发挥，加上部分学校的教学师资、教学设施和条件还不够充足，教学效果尚不能令人满意。总之，我国信息科学技术基础教育存在不少问题，亟须研究和解决。

针对这种情况，在教育部基础司的领导下，我国从事信息科学技术基础教育与研究的广大教育工作者正在积极探索解决这些问题的有效途径。与此同时，北京、上海、广东、浙江等省市的部分教师也在自下而上地联合起来，共同交流和梳理信息科学技术基础教育的知识体系与知识要点，编写新的教材。所有这些努力，都取得了积极的进展。

《青少年科技创新丛书》是这些努力的一个组成部分，也是这些努力的一个代表性成果。丛书的作者们是一批来自国内外大中学校的教师和教育产品创作者，他们怀着"让学生获得最好教育"的美好理想，本着"实践出兴趣，实践出真知，实践出才干"的清晰信念，利用国内外最新的信息科技资源和工具，精心编撰了这套重在培养学生动手能力与创新技能的丛书，希望为我国信息科学技术基础教育提供可资选用的教材和参考书，同时也为学生的科技活动提供可用的资源、工具和方法，以期激励学生学习信息科学技术的兴趣，启发他们创新的灵感。这套丛书突出体现了让学生动手和"做中学"的教学特点，而且大部分内容都是作者们所在学校开发的课程，经过了教学实践的检验，具有良好的效果。其中，也有引进的国外优秀课程，可以让学生直接接触世界先进的教育资源。

笔者看到，这套丛书给我国信息科学技术基础教育吹进了一股清风，开创了新的思路和风格。但愿这套丛书的出版成为一个号角，希望在它的鼓动下，有更多的志士仁人关注我国的信息科学技术基础教育的改革，提供更多优秀的作品和教学参考书，开创百花齐放、异彩纷呈的局面，为提高我国的信息科学技术基础教育水平作出更多、更好的贡献。

钟义信
2013 年冬于北京

序 （2）

探索的动力来自对所学内容的兴趣，这是古今中外之共识。 正如爱因斯坦所说：一头贪婪的狮子，如果被人们强迫不断进食，也会失去对食物贪婪的本性。 学习本应源于天性，而不是强迫地灌输。 但是，当我们环顾目前教育的现状，却深感沮丧与悲哀：学生太累，压力太大，以至于使他们失去了对周围探索的兴趣。 在很多学生的眼中，已经看不到对学习的渴望，他们无法享受学习带来的乐趣。

在传统的教育方式下，通常由教师设计各种实验让学生进行验证，这种方式与科学发现的过程相违背。 那种从概念、公式、定理以及脱离实际的抽象符号中学习的过程，极易导致学生机械地记忆科学知识，不利于培养学生的科学兴趣、科学精神、科学技能，以及运用科学知识解决实际问题的能力，不能满足学生自身发展的需要和社会发展对创新人才的需求。

美国教育家杜威指出：成年人的认识成果是儿童学习的终点。 儿童学习的起点是经验，"学与做相结合的教育将会取代传授他人学问的被动的教育"。 如何开发学生潜在的创造力，使他们对世界充满好奇心，充满探索的愿望，是每一位教师都应该思考的问题，也是教育可以获得成功的关键。 令人感到欣慰的是，新技术的发展使这一切成为可能。 如今，我们正处在科技日新月异的时代，新产品、新技术不仅改变我们的生活，而且让我们的视野与前人迥然不同。 我们可以有更多的途径接触新的信息、新的材料，同时在工作中也易于获得新的工具和方法，这正是当今时代有别于其他时代的特征。

当今时代，学生获得新知识的来源已经不再局限于书本，他们每天面对大量的信息，这些信息可以来自网络，也可以来自生活的各个方面：手机、iPad、智能玩具等。新材料、新工具和新技术已经渗透到学生的生活之中，这也为教育提供了新的机遇与挑战。

将新的材料、工具和方法介绍给学生，不仅可以改变传统的教育内容与教育方式，而且将为学生提供一个实现创新梦想的舞台，教师在教学中可以更好地观察和了解学生的爱好、个性特点，更好地引导他们，更深入地挖掘他们的潜力，使他们具有更为广阔的视野、能力和责任。

本套丛书的作者大多是来自著名大学、著名中学的教师和教育产品的科研人员，他们在多年的实践中积累了丰富的经验，并在教学中形成了相关的课程，共同的理想让我们走到了一起，"让学生获得最好的教育"是我们共同的愿望。

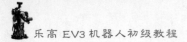

乐高 EV3 机器人初级教程

本套丛书可以作为各校选修课程或必修课程的教材，同时也希望借此为学生提供一些科技创新的材料、工具和方法，让学生通过本套丛书获得对科技的兴趣，产生创新与发明的动力。

丛书编委会

VIII

前　言

　　乐高机器人的学习可以锻炼学生的动手能力与编程能力，也能够培养学生的科学精神、技术能力及数学能力。因此本书以生活中的实例，并配以大量的乐高机器人搭建图，生动地讲解乐高机器人的搭建与程序设计，让学生能够快速掌握机器人制作的方法。

　　本书所使用的机器人是乐高 EV3 机器人，它是乐高公司最新推出的智能机器人套装。它使用积木进行搭建，简单易学，能够搭建出复杂的机械结构。而且，乐高机器人使用图形化的编程方式，对于机器人初学者来说，是一个非常不错的学习平台。

　　本书以授课的形式，鼓励学生去想象、去思考，从而建构出自己的机器人。同时告知学生，机器人的制作不是一蹴而就的，需要不断优化与实践。因此，在书中特别设立了"优化与改进"栏目，使得在每一课中制作的机器人都能通过逐步改进最终达到理想的状态。书中每一课后都有问题讨论与作业设置。让学生主动学习、主动探究是本书的教学理念。

　　对于中小学学生或者机器人初学者来说，在学习完本书的课程后，能够基本掌握乐高机器人的搭建技巧以及程序编写的方法，可以自主地搭建属于自己的机器人。

　　对于学校机器人辅导教师来说，本书是一本难得的机器人教学参考书，教师可以参考本书进行学校的机器人课程或者研究性学习活动，每一课都可以用 2～3 个学时去讲授。

　　本书在撰写过程中，得到了郑剑春和吴俊杰两位老师的帮助与支持，在此表示感谢。

　　乐高机器人爱好者或者学校机器人辅导教师如果对机器人的制作或者机器人教学方法感兴趣，可以与我进行交流。邮箱：2071586369@ qq.com。

编　者

2014 年 3 月

目　录

第1课　结构搭建——我的椅子

 提出问题

在生活中,当我们站累了或走累了的时候都需要找把椅子来休息一下,这样能够消除疲劳,恢复体力。本节课就来制作一把舒服的椅子,让自己和家人可以坐下来休息。

联想

回想一下生活中都见过哪些椅子呢? 我们经常看到的是 4 条椅腿的椅子,如图 1-1 和图 1-2 所示,当我们坐上它时会感觉非常的稳当和舒适。

图 1-1　座椅 1

图 1-2　座椅 2

 要求

制作 4 条椅腿椅子的要求如下:
(1) 坚固、稳定。
(2) 对称、美观。
(3) 能直立在桌面上。

构建

下面就来制作一把 4 条椅腿的椅子,并且让它能够平稳地放在桌面上。

技能牌:块、板。

块和板是用来搭建乐高机器人的基本配件,尤其在早期的乐高 9794 中经常会用到。块和板可以用来进行拼接,从而达到连接和加固的目的。乐高积木块和木板如图 1-3 和图 1-4

所示。

图 1-3　乐高积木块

图 1-4　乐高积木板

乐高提供了几种不同长度的块和板,这样可以更方便地搭建机器人。在图 1-3 中,从上到下是 $2×2$ 个乐高单位的块、$4×2$ 个乐高单位的块和 $8×2$ 个乐高单位的块。在图 1-4 中,从上到下是 $2×4$ 个乐高单位的板、$8×2$ 个乐高单位的板和 $10×1$ 个乐高单位的板。用块和板搭建出简单的小椅子,如图 1-5 和图 1-6 所示。

图 1-5　小椅子侧面

图 1-6　小椅子背面

 优化与改进

这把小椅子的特点:＿＿＿＿＿＿＿＿＿＿＿＿＿＿＿＿＿＿＿＿＿＿＿

＿＿＿＿＿＿＿＿＿＿＿＿＿＿＿＿＿＿＿＿＿＿＿＿＿＿＿＿＿＿＿＿＿＿

这把小椅子需要改进的地方:＿＿＿＿＿＿＿＿＿＿＿＿＿＿＿＿＿＿＿

＿＿＿＿＿＿＿＿＿＿＿＿＿＿＿＿＿＿＿＿＿＿＿＿＿＿＿＿＿＿＿＿＿＿

改进 1:可以使用乐高的方梁和圆销来制作一把椅子,使制作的椅子能够更加坚固、轻便和美观。

技能牌:圆销和方梁。

乐高的圆销和方梁如图 1-7 和图 1-8 所示。

在图 1-7 中有两种圆销:一种是黑色圆销,这种圆销与方梁连接时插入得比较紧,适合一些比较坚固且不需要转动的结构;另一种是灰色圆销,这种圆销与方梁连接时会松一些。当需要以圆销为支点做灵活转动时,一般需要使用灰色圆销。

图 1-7　圆销

图 1-8　方梁

同学们制作的椅子一定要坚固、实用,尤其是 4 条椅子腿要牢固地连接在椅座上。要充分利用梁的特性,多用梁来连接重要的、关键的部位,这样搭建的物体才能够更坚固、更轻便。图 1-8 是乐高套装中不同长度的方梁。

如图 1-9 所示,这是用方梁和圆销制作的椅腿,将它安装到椅面上就可以完成椅腿的搭建,结构坚固,搭建轻巧。

将椅腿安装到椅座后的效果,如图 1-10 所示。

图 1-9　椅腿

图 1-10　椅腿连接到椅座上

安装完椅腿后,同学们可能会发现椅腿会随意摆动,这当然不行,如果有人坐到上面就会摔倒。如何将椅腿进行固定呢?使用一个软塑料按扣就可以完成加固椅腿的任务,如图 1-11 所示。

软塑料按扣只有在 EV3 套装里才可以找到。安装技巧:先安装好软塑料按扣,再安装椅腿,使软塑料按扣夹在两个椅腿之间,起到限制椅腿摆动的作用,如图 1-12 所示。

将椅背安装在椅子上,这样一个稳固的椅子就做成了,如图 1-13 所示。

图 1-11　软塑料按扣

可以看到相对于使用板和块来搭建座椅,用梁和销搭建的椅子更加轻巧、坚固。因此,在制作机器人时应优先选择用梁和销来完成搭建任务。

图 1-12　将软塑料按扣安装到椅腿中间

图 1-13　安装椅背

改进 2：为了让我们坐在椅子上更加舒适，下面要为椅子加上扶手。

技能牌：圆梁（如图 1-14 所示）。

圆梁是乐高 EV3 套装的一种新配件，EV3 版本中只有很少的块和板，大部分都是圆梁。在图 1-15 中是用方梁和圆梁搭建而成的座椅扶手。通过圆销把它直接安装在椅腿上即可，如图 1-16 所示。

如图 1-17 所示，这是完成后的座椅。

图 1-14　圆梁

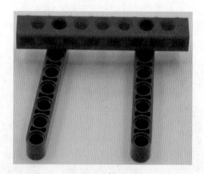

图 1-15　扶手

图 1-16　扶手的安装

图 1-17　完成的座椅

这样就制作了一把生活中常见的椅子,它的主体搭建都是由梁和圆销组成的,轻巧、坚固。

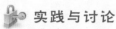 **实践与讨论**

使用梁和圆销来搭建物体的优点是什么?_____

_____

拓展

刚才制作的椅子是固定不动的,很多时候我们坐在椅子上是需要移动的,下面就来改进一下,制作一把会移动的椅子。

技能牌:滑轮(如图 1-18 所示)。

图 1-18 显示的是乐高的滑轮,它经常被安装在乐高机器人上作为导轮来使用,这样可以起到支撑和滑动的作用。把滑轮安装在椅腿上,这样椅子就可以移动了,如图 1-19 所示。

图 1-20 所示为完成后的可以移动的椅子。

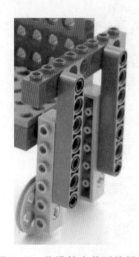

图 1-18 **滑轮**

图 1-19 **将滑轮安装到椅腿上**　　　　　图 1-20 **可以移动的椅子**

最终完成了一个类似于轮椅的作品,大家通过这节课的学习应该对梁和圆销的搭建有了一定的了解。梁和圆销是制作机器人的必备零件,希望大家能够熟练地运用这些乐高零件去制作自己的机器人。

作业

(1)用梁和圆销制作一把可以折叠的椅子。

(2)制作一把生活中的转椅,如图 1-21 所示。

图 1-21 **生活中的转椅**

搭建参考

I. 小椅子搭建

（1）积木板	
（2）积木板背面	
（3）积木板正面	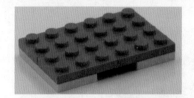
（4）积木块用来搭建椅腿	
（5）椅腿与椅面连接	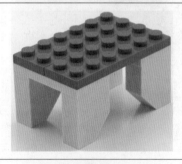
（6）椅子底部	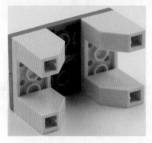

（7）用积木块制作椅背	
（8）将椅背连接在椅子上	
（9）椅子侧面	
（10）椅子侧后部	
（11）椅子底部	

2.大椅子搭建

（1）板和梁	
（2）板和梁搭建椅座	
（3）圆销和方梁制作椅腿	
（4）将椅腿连接在椅座上	
（5）软塑料按扣	
（6）将软塑料按扣固定在椅腿之间	

（7）将椅背安装在椅子上	
（8）椅子底部（一）	
（9）椅子背面（一）	
（10）椅子扶手	
（11）将扶手安装在椅子上	

（12）椅子背面（二）	
（13）椅子底部（二）	
（14）椅子正面	
（15）滑轮	
（16）将滑轮安装在椅腿上	

（17）椅子侧面	
（18）椅子底部(三)	

3.折叠椅搭建

（1）梁、轴和轴套	
（2）将弯梁与轴连接	

（3）将弯梁与直梁连接

（4）底座侧面

（5）用圆梁和轴制作椅座

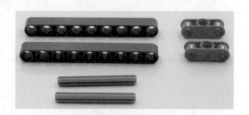

（6）将圆梁与轴进行连接

（7）用红色三孔连接件进行固定

续表

（8）将椅座连接到底座上	
（9）椅座可以折叠	
（10）轴和轴连接器	
（11）将轴与梁连接	
（12）完成后的折叠椅侧面	

续表

（13）折叠椅背面	
（14）折叠椅正面	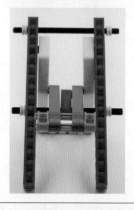
（15）折叠椅可以折叠	

4.转椅搭建

（1）方梁和板	
（2）用梁和板搭建椅座	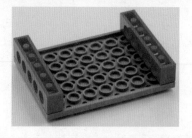

（3）弯梁和轴	
（4）轴和轴连接器	
（5）弯梁与轴进行连接	
（6）连接后的椅背	
（7）将椅背与椅座进行连接	

(8) 白色橡皮筋	
(9) 将橡皮筋挂在椅背上	
(10) 制作底座	
(11) 底座连接	
(12) 轴与轴连接器	
(13) 制作椅子的支撑部分	

（14）将轴与底座连接	
（15）转椅侧面	
（16）转椅底部	

第 2 课　结构搭建——门

 提出问题

门,在生活中随处可见。家中有推拉门,商场有旋转门。通过门可以进出,请观察身边的门,想一想,门的形状是什么样的? 门是如何开启和关闭的? 本节课就来制作门。

 联想

如图 2-1 和图 2-2 所示,生活中有许多门,说说你在生活中还看到过哪些门?

图 2-1　生活中的门 1

图 2-2　生活中的门 2

 要求

门的制作要求如下:
(1) 门可以关闭和打开。
(2) 门要固定在门框中,可以直立在桌上。

 构建

我们的家里都有门,你家的门是什么样的呢? _____

下面按照要求来制作一扇家中的门。它可以开启和关闭,并且能够直立在桌面上。

1.制作门框
门的上下横框用圆梁来搭建,竖框用十字轴来进行连接。
技能牌:十字轴,如图 2-3 所示。
十字轴简称轴,用它可以方便地连接两根梁,这里将利用轴连接两根梁,从而迅速搭建起门框,如图 2-4 所示。

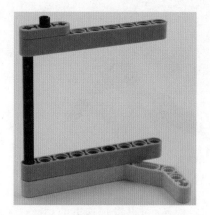

图 2-3　十字轴　　　　　　　　　　　　　图 2-4　门框

利用梁和轴制作出了结构简单又坚固的门框，它可以平稳地放置在桌面上。因此，使用乐高配件梁和轴能够快速地搭建出想要的结构，这是一个搭建的技巧，同学们今后要熟练使用。

2.制作单开门

门的制作也是用梁来搭建，这样结构既简单又坚固。门的两侧用两个乐高板来拼接，如图 2-5 所示。门的中间位置用轴和轴连接器来搭建，中间预留出一个圆孔的位置，用来放入门把手，如图 2-6 所示。

图 2-5　门的两侧用乐高板来搭建　　　　　图 2-6　门中间位置用轴和轴连接器来搭建

现在单开门制作完成了，但是它与生活中的门相比还是需要进一步的改进。

 优化与改进

想一想家里的门上还有哪些装置呢？_____

_____

改进 1：加上门锁。

家里的门都有锁，如果没有锁，那么家里就很容易丢东西。因此，要为门设计一把锁，如图 2-7 所示。当门被锁住的时候是不能开启的，只有在解锁的状态下才可以开启，如图 2-8 所示。

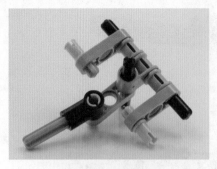

图 2-7　门锁

图 2-8　将门锁安装在门上

如图 2-9 所示，可以发现这里的锁有一个巧妙的设计，在上锁时利用轴插入横梁的圆孔中，从而达到锁门的目的。这样门锁就制作完成了。把制作好的单门放入门框中看一下效果，如图 2-10 所示。

图 2-9　上锁

图 2-10　把门锁安装到门上

改进 2：门要单方向开启。

我们发现刚才制作的门是可以从两个方向打开和关闭的，这与生活中的门是不一样的，那么现在就来改进一下。用轴和梁制作一个机构，如图 2-11 所示。用它来挡住门，从而使门不能推到门框的另一边，这样门只能从一个方向来打开和关闭，如图 2-12 所示。

单开门制作完成了，它可以单方向地打开和关闭，而且门上的锁可以将门锁住。最终的效果如图 2-13 所示。

 实践与讨论

你制作的单开门都用到了哪些配件？_____

图 2-11　挡门机构

图 2-12　**将挡门机构安装到门上**　　　　　图 2-13　**最终完成的单开门**

生活中还有哪些不同的门？请举例。＿＿＿＿＿＿＿＿＿＿＿＿＿＿＿＿＿＿＿

🏆 拓展

在北京的胡同里有一些四合院，它们的大门都很大、很气派，并且是双开门。你能不能制作一个双开门呢？

如图 2-14 所示，双开门利用十字轴作为门轴，用上、下两根梁来搭建门框，这样就制作完成了一个可以推开或拉开的门。当然，还可以在门上安装门把手，这样就更形象了。

图 2-14　**双开门**

作业

请为双开门加一个功能，当推开门并且进门后，门可以自动关闭。

 搭建参考

1. 单开门搭建

（1）弯梁和圆销	
（2）搭建下门框	
（3）搭建上门框	
（4）连接三孔连接器	
（5）搭建完成的门框	

（6）轴与轴连接器（一）	
（7）三孔连接器	
（8）制作门上的机构	
（9）门框正面	
（10）门框背面	
（11）轴与轴连接器（二）	

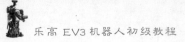

续表

（12）三孔连接器与圆销和轴连接	
（13）制作好的门锁	
（14）门锁与门上的机构连接	
（15）门锁与门上的机构连接背面	
（16）将门锁安装在门上	

（17）门的背面	
（18）门的正面	
（19）插入门把手	
（20）上锁机构	
（21）门与门框连接	

续表

（22）门的侧面

（23）安装圆销

（24）安装两孔连接器

（25）限制门的开关机构

（26）安装十字轴	
（27）将限制方向的机构安装到门上	
（28）在门的下面安装圆销	
（29）将两孔连接器与圆销进行连接	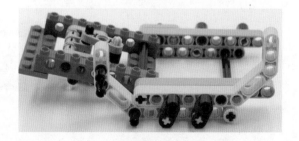

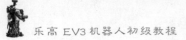

（30）搭建完成后门的正面	
（31）搭建完成后门的背面	
（32）打开的门	
（33）门锁机构	

| （34）门的底部 | 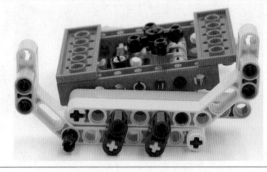 |
| （35）门的底部展开 | 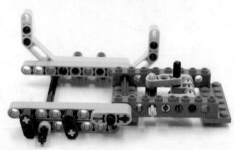 |

2. 双开门搭建

（1）搭建门轴	
（2）用乐高积木块搭建门体	
（3）门轴与门体连接	

（4）单扇门的侧面

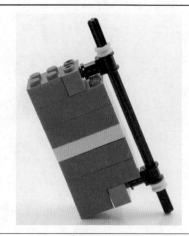

（5）搭建出两个单门

（6）将两扇门进行连接

（7）用方梁搭建底座

（8）将两扇门与底座连接	
（9）两个直角连接器	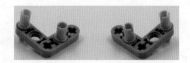
（10）将直角连接器与轴连接	
（11）将红色方梁与直角连接器 　　　连接	

（12）黄色橡皮筋被两个销子拉紧	
（13）完成双开门的制作	

第 3 课　齿轮传动——风扇

 提出问题

当夏天到来时,经常会打开电风扇来解热,电风扇可以说是我们在夏天里的"小伙伴",现在就来动手制作一个风扇。

 联想

如图 3-1 和图 3-2 所示,想一想生活中的风扇是什么样子的? 风扇都有什么特点呢?

图 3-1　风扇 1

图 3-2　风扇 2

 要求

风扇的制作要求如下:

(1) 风扇有扇叶并且可以转动。

(2) 利用齿轮传动加快扇叶转动。

(3) 可稳定地放在桌面上。

 构建

技能牌:齿轮。

l.齿轮的作用

齿轮是依靠齿的啮合来传递动力的零件,通过齿轮的传动还可以改变输出的扭矩和角速度,或者是改变运动的方向。

(1) 扭矩。扭矩是齿轮转动时切向的力,可以理解为齿轮发生转动的力。例如,当我们喝饮料时,要使用一定的力去把瓶盖拧开。

（2）角速度。角速度是物体转动的速度,单位是 rad/s。例如,这节课将制作的风扇,它转动的角速度非常快。

2.齿轮的传动

乐高机器人套装中提供了很多种齿轮,这节课先来认识一下直齿轮。如图 3-3 所示,乐高直齿轮从左到右分别为 40 齿齿轮、24 齿齿轮、16 齿齿轮和 8 齿齿轮共 4 种类型。

图 3-3　乐高直齿轮

机器人可以通过这些齿轮的传动改变扭矩、改变角速度或改变方向。一般来说,乐高的齿轮在搭建的时候通常要与梁进行配合,将齿轮用轴与梁进行连接,你可能会有这样的担心,齿轮会不会与梁有接触而产生摩擦呢? 不过,当你使用的时候,你会发现乐高的齿轮能够与梁配合得非常好,完全不用担心会产生摩擦或阻力的问题。下面就来看几组齿轮传动的例子。

例 3-1　8 齿齿轮传动 40 齿齿轮,如图 3-4 所示。

例 3-2　40 齿齿轮传动 8 齿齿轮,如图 3-5 所示。

图 3-4　8 齿齿轮传动 40 齿齿轮　　　　图 3-5　40 齿齿轮传动 8 齿齿轮

例 3-3　40 齿齿轮传动 24 齿齿轮再传动 8 齿齿轮,如图 3-6 所示。

例 3-4　24 齿齿轮传动 8 齿齿轮再传动 24 齿齿轮,如图 3-7 所示。

图 3-6　3 个齿轮传动 1　　　　　　　图 3-7　3 个齿轮传动 2

3.齿数，扭矩和角速度的关系

齿数（n）与扭矩（T）成正比：

$$T_1 \times n_2 = T_2 \times n_1$$

齿数（n）与角速度（T）成反比：

$$n_1 \times w_1 = n_2 \times w_2$$

下面以例 3-1 的 8 齿齿轮传动 40 齿齿轮为例，由于齿数与扭矩成正比例关系，因此传动后 40 齿齿轮这根轴输出的扭矩是 8 齿齿轮的 5 倍；由于齿数与角速度成反比，因此传动后 40 齿齿轮这根轴输出的角速度是 8 齿齿轮的 1/5。

例 3-5　请你写出例 3-2、例 3-3、例 3-4 中扭矩和角速度的变化。

例 3-2 中输出扭矩的变化_____，输出角速度的变化_____。

例 3-3 中输出扭矩的变化_____，输出角速度的变化_____。

例 3-4 中输出扭矩的变化_____，输出角速度的变化_____。

可以看到，齿轮的传动可以改变物体运动的速度，下面来制作一个风扇，在风扇的制作中会应用到齿轮传动的技术。

（1）制作扇叶。制作一个有 3 个扇叶的风扇，如图 3-8 所示。

（2）齿轮转动。为了加快扇叶的转速，应当用大齿轮带动小齿轮，使角速度加快。在图 3-9 中，利用手柄带动 40 齿大齿轮转动，然后，40 齿齿轮再传动 8 齿齿轮，使其转速增加 5 倍。风扇的齿轮传动如图 3-10 所示。

图 3-8　**扇叶**

图 3-9　**大齿轮**

图 3-10　**齿轮传动**

（3）底盘制作。如图 3-11 所示，底盘的制作利用两根方梁和两根弯梁来完成，中间留出的位置是要固定风扇的那根梁，这样利用几根梁可以完成底盘与风扇的固定，既简单又坚固。

风扇制作完成效果图,如图 3-12 所示。

图 3-11　底盘

图 3-12　手摇风扇

风扇制作完成了,摇动手柄,看一看风扇的转动效果吧。

优化与改进

同学们知道风扇的转速是非常快的,上面制作的风扇是用 40 齿齿轮传动 8 齿齿轮,转速增加了 5 倍,但是还能不能更快呢?请利用齿轮的传动,让风扇转动的速度更快一些。

齿轮传动的改进,如图 3-13 所示。可以看到方梁的两面都有齿轮,传动从 40 齿大齿轮依次传动给 8 齿齿轮,然后同轴的另一侧 40 齿齿轮,又传递给 8 齿齿轮,可以看到最终传动的速度会更快。

改进后的风扇效果图,如图 3-14 和图 3-15所示,这是最终改进后的风扇,风扇的转速很快,但是它的扭矩却很小。

图 3-13　多齿轮传动

实践与讨论

改进后的风扇转速增加了多少倍?＿＿＿＿＿＿＿＿＿＿＿＿＿＿＿

改进后的风扇扭矩减小了多少倍?＿＿＿＿＿＿＿＿＿＿＿＿＿＿＿

减速电动机为什么会减速呢?＿＿＿＿＿＿＿＿＿＿＿＿＿＿＿＿＿

图 3-14　改进后的风扇侧面

图 3-15　改进后的风扇背面

拓展

刚才利用齿轮传动，提高转速制作了风扇，那么齿轮传动也可以起到减速的作用，下面就来制作一个停车场栏杆器，如图 3-16 所示。

制作停车场栏杆器的具体要求如下：

（1）栏杆器固定在桌面上。

（2）栏杆缓慢升起和落下。

① 底座的制作，如图 3-17 所示。用 4 根梁和 3 个双销连接件完成的底座。

图 3-16　生活中的栏杆器

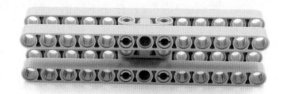

图 3-17　底座

② 栏杆的制作，如图 3-18 所示。

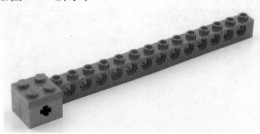

图 3-18　栏杆

在栏杆器的制作过程中，要注意结点的连接。为了方便轴连接到这个结点，特意使用了一个中心带轴连接的绿色块与梁拼接在一起。这样就可以使用轴直接插入结点中，从而能够带动整根梁的开启和关闭。

③ 齿轮的传动，如图 3-19 所示。

齿轮的传动利用 8 齿齿轮带动 40 齿齿轮。这里的技巧是齿轮要贴紧圆梁，轴的两端要用轴套固定，防止齿轮在传动的时候脱齿。

将栏杆安装到底盘上，来看一下安装完成后的效果，如图 3-20 所示。

图 3-19　齿轮传动

图 3-20　完成的栏杆器

制作完成后，在调试时发现栏杆在下降的时候会碰触到地面，在上升的时候会向后倒过去，这与我们在停车场见到的栏杆不一样，因此还需要再改进。

加入长销来限制栏杆的抬起和落下，如图 3-21 和图 3-22 所示。

图 3-21　加入长销侧面图

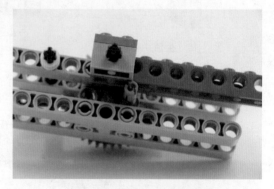

图 3-22　加入长销底面图

看一下制作完成后的效果，如图 3-23 和图 3-24 所示。

图 3-23　**栏杆器抬起**

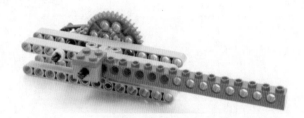

图 3-24　**栏杆器落下**

作业

想一想,制作完成后的停车场栏杆器,它的扭矩是如何变化的? 看一看,栏杆升降的速度是加快了还是减慢了? 为什么?

搭建参考

I.风扇搭建

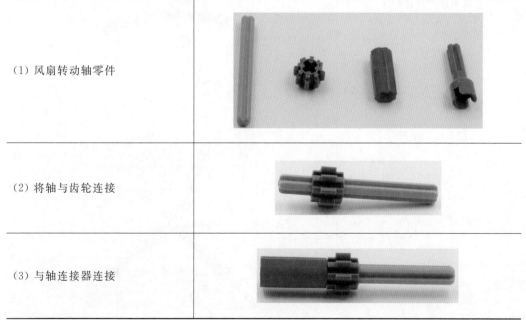

(1) 风扇转动轴零件	
(2) 将轴与齿轮连接	
(3) 与轴连接器连接	

（4）扇叶制作所需乐高零件	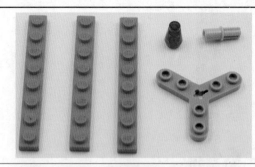
（5）扇叶制作	
（6）将扇叶与轴连接器相连	
（7）扇叶侧面	

（8）手柄搭建所需乐高零件	
（9）将手柄与梁连接	
（10）将扇叶与红色方梁连接	
（11）底座的制作	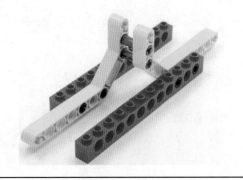

（12）将底座与扇叶连接	
（13）风扇背面	
（14）加入齿轮传动可加快风扇转动	
（15）另一侧连接手柄	

（16）齿轮传动	
（17）转速更快的风扇	
（18）风扇背面	

续表

（19）风扇侧面	

2. 栏杆器搭建

（1）制作栏杆所需要的乐高零件	
（2）栏杆器	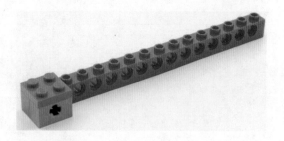
（3）每两根圆梁通过双销连接	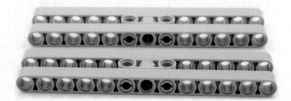

（4）利用双销连接前面两排圆梁	
（5）制作手柄	
（6）将手柄连接在底盘上	
（7）底盘背面	
（8）将栏杆连接在底盘并抬起栏杆器	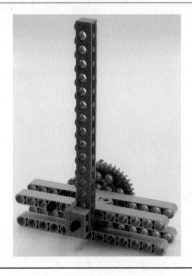

续表

（9）放下栏杆器	
（10）长销用来控制栏杆放下的位置	
（11）将长销固定在底盘上	
（12）长销连接侧面图	
（13）制作完成后的栏杆器	

第4课　齿轮传动——回力小车

 提出问题

大家也许都玩过回力小车,通过向后旋转车轮,松开后小车就可以向前行进。这是一种不需要电或油,就可以具备动力的车。本节课就来制作回力小车。

联想

小车如何搭建呢?可以回想一下汽车或赛车,它们都是什么样子的?如图 4-1 和图 4-2 所示,可以借鉴这些车来制作回力小车。

图 4-1　汽车

图 4-2　赛车

汽车都有哪些特征呢?＿＿＿＿＿＿＿＿＿＿＿＿＿＿＿＿＿＿＿＿＿＿＿

 要求

回力小车的制作要求如下:
(1) 搭建出车型结构。
(2) 车轮向后转动,松开后前进。

 构建

技能牌:冠状齿轮。

冠状齿轮也可以像直齿轮一样进行力的传动,但相对于直齿轮来说,它们之间最大的区别就是冠状齿轮的传动可以改变力的方向。

冠状齿轮的齿是弯曲的,如图 4-3 所示。

图 4-3　冠状齿轮

冠状齿轮可以垂直连接，如图 4-4 所示，这样就可以改变力传动的方向，使纵向力变为横向力或者使横向力变为纵向力。

回力小车的制作步骤如下所述。

（1）后轮的制作。回力小车搭建时最重要的就是后轮的制作，后轮是回力小车主要的动力来源，依靠地面与轮胎的摩擦力来改变橡皮筋或弹簧的长度。本节课是利用橡皮筋作为动力源。

齿轮传动主要利用两个 24 齿的冠状齿轮完成，垂直啮合用来完成动力方向的改变。在制作时一定要保证两个齿轮完全啮合，否则会出现脱齿的现象，造成动力传递的中断。冠状齿轮的连接如图 4-5 所示。

图 4-4　冠状齿轮连接

图 4-5　冠状齿轮传动

（2）橡皮筋的安装。从图 4-6 中可以看到，橡皮筋穿过一个轴连接器，并且绕上一根黑色横轴，这样在齿轮带动白色竖轴转动的时候，会使橡皮筋扭动并拉长，从而产生可以带动齿轮反向旋转的力。

（3）安装轮胎，完成回力小车的制作，如图 4-7 所示。

图 4-6　连接橡皮筋

图 4-7　制作完成的回力小车

 优化与改进

上面利用冠状齿轮完成了回力小车的制作，在乐高 EV3 套装中还出现了一种双面斜齿齿轮，这种齿轮也可以改变力的方向。下面再用双面斜齿齿轮做一辆回力小车。

技能牌：双面斜齿齿轮（如图 4-8 所示）。

图 4-8　双面斜齿齿轮

齿轮从左到右依次是 36 齿齿轮、24 齿齿轮、12 齿齿轮。双面斜齿齿轮也可以垂直连接，改变力的传递方向。双面斜齿连接如图 4-9 所示。

图 4-9　双面斜齿齿轮连接

改进后的回力小车制作步骤如下所述。

（1）后轮的制作。

后轮采用 12 齿的双面斜齿齿轮进行连接。连接时一定注意两个齿轮要完全啮合，如图 4-10 所示。

图 4-10　双面斜齿传动

（2）橡皮筋的安装。如图 4-11 所示，橡皮筋的长度要根据车辆的搭建来选择。橡皮筋安装时要达到不紧不松的状态，如果太紧了容易引起脱齿；如果太松了就会造成动力不足。

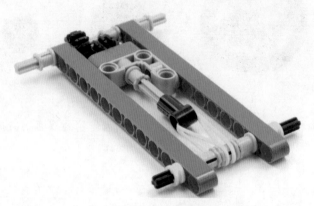

图 4-11　安装橡皮筋

（3）完成效果。如图 4-12 所示。最终完成的回力小车可以通过人为向后转动后轮，使得橡皮筋拉长并拧紧。当释放小车的时候，利用橡皮筋的力量，带动小车前进或后退。这辆小车制作得非常小巧，并且正面、反面使用都可以行走。

图 4-12　最终完成的回力小车

实践与讨论

制作的回力小车的原理是什么？＿＿＿＿＿＿＿＿＿＿＿＿＿＿＿＿＿＿＿＿

请你记录一下，你的回力小车前进的最远距离是多少(cm)？＿＿＿＿＿＿＿＿＿

拓展

试一试用双面斜齿齿轮来传动冠状齿轮，看看效果是什么样的？

完成后的效果图如图 4-13 和图 4-14 所示。

图 4-13 双面斜齿齿轮和冠状齿轮传动

图 4-14 不同齿轮传动的回力小车

从图 4-13 中可以看出,双面斜齿齿轮和冠状齿轮也是可以啮合的,齿轮的选择要根据机器人制作的要求和功能来确定。

可以看到,在很多情况下都需要齿轮传动来给电动机做增减速度或增减扭矩,因此齿轮的传动是制作机器人的一个非常重要的技术。

 作业

在图 4-12 和图 4-14 中,哪一个回力小车的速度更快呢?为什么? _____

_____

 搭建参考

I. 双面斜齿小车搭建

(1)圆梁和双销连接器	
(2)将双销与圆梁进行连接	

续表

（3）蓝色 3 孔连接件与双销连接	
（4）轴、轴套和轴连接器	
（5）连接转动轴	
（6）将转动轴插入双孔连接器中	

（7）连接双面斜齿齿轮	
（8）连接双面斜齿齿轮正面图	
（9）传动齿轮	
（10）将两个齿轮进行啮合	
（11）十字轴与轴套	

(12) 将橡皮筋与车体进行连接	
(13) 车体后视图	
(14) 车体俯视图	
(15) 车体侧视图	

2. 斜齿小车搭建

（1）主动轴的制作	
（2）连接主动轴与梁	
（3）将主动轴与梁进行固定	
（4）传动轴	
（5）传动轴与冠状齿轮连接	

续表

（6）乐高积木板	
（7）将乐高板固定在车体上	
（8）制作与橡皮筋相连的从动轴	
（9）将轴连接到车体上并连接橡皮筋	
（10）车体侧视图	

（11）车体前部	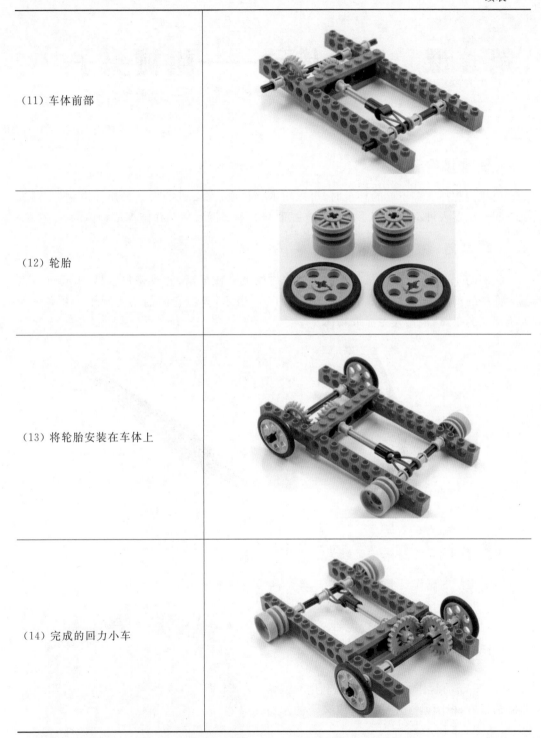
（12）轮胎	
（13）将轮胎安装在车体上	
（14）完成的回力小车	

第 5 课　齿轮传动——机械夹子

 提出问题

当我们想抓取桌子上的杯子时,可以用手去抓取,那么机器人如果想抓取物体,该怎么办呢? 机器人可不可以用手或夹子来抓取呢? 本节课就来制作能抓取物体的夹子。

联想

我们的手非常灵活,把机器人的手制作成像人一样灵活,并不是很容易,但是可以借鉴生活中的剪刀、镊子等工具,如图 5-1 和图 5-2 所示,模拟它们的结构制作一个夹子作为机器人的手,让机器人去抓取物体。

图 5-1　剪刀

图 5-2　镊子

 要求

机械夹子的制作要求如下:
(1) 机械夹子可以打开或闭合。
(2) 用齿轮带动夹子进行传动。

构建

(1) 夹子的制作。制作夹子是利用两根弯曲的圆梁,两根圆梁一左一右组成夹子的左右两片,如图 5-3 所示。

(2) 齿轮的传动。利用两个 24 齿的齿轮来完成,如图 5-4 所示。当两个相同的齿轮传

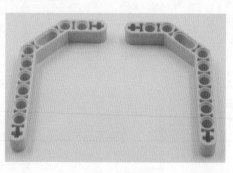

图 5-3　弯梁

动的时候,大家要注意它们的扭矩、速度都不变,但是两个齿轮的转动方向是相反的。制作的夹子就是利用了这个特点,当顺时针方向转动时夹子闭合,当逆时针方向转动时夹子分开,如图 5-5 所示。

图 5-4　24 齿齿轮

图 5-5　齿轮传动

（3）完成后的效果如图 5-6 所示。

图 5-6　齿轮传动的夹子

利用齿轮传动的特点制成的这个夹子,当转动手柄时,夹子就会分开或闭合。

 优化与改进

上面制作的夹子在使用上有什么问题吗?

可以发现刚才利用齿轮制作的机械夹子,在闭合和开启的时候速度太快,而且当关闭夹子时,夹子很容易自动松开。

第一个问题可以通过改变齿轮的传动比来解决;第二个问题要求夹子能够自动锁定,这个问题用机械结构来解决比较困难。

因此,为了解决这两个问题,就要利用乐高的一个新的齿轮——涡轮。

技能牌:涡轮(如图 5-7 所示)。

涡轮通常会与齿轮进行啮合,并且会连接两个互相垂直的轴,也就是说,通过涡轮的传动可以改变力的方向,而且涡轮可以增大扭矩,减小角速度,并且可以使被传动的齿轮具备自锁的功能。自锁功能是指只有涡轮这个轴是可以人为旋转的,而齿轮的轴是不能人为旋转的,齿轮只能依靠涡轮的传动而转动。

图 5-7　涡轮

由此可以看到，使用涡轮就可以解决刚才提到的两个问题，可以实现减慢速度和自锁的功能。下面就利用涡轮来进行机械夹的改进。

1. 框架的搭建

框架的搭建全部利用圆梁来完成，可使其结构紧凑、轻便、坚固，如图 5-8 所示。

2. 涡轮的制作

涡轮的固定非常重要，一定要把涡轮牢固地安装在框架上，不能上下或左右晃动，如图 5-9 所示。

图 5-8　框架

3. 完成后的效果

安装齿轮和夹子后的效果如图 5-10 所示。这样转动黑色十字轴后就可以关闭和开启夹子了。

图 5-9　涡轮的制作

图 5-10　涡轮传动的夹子

 实践与讨论

利用涡轮制作的机械夹扭矩增加多少倍？＿＿＿＿＿＿＿＿＿＿＿＿＿＿

涡轮的自锁功能还能应用到哪些方面？＿＿＿＿＿＿＿＿＿＿＿＿＿

拓展

涡轮的自锁功能可以应用到生活中的方方面面。例如，在第 3 课中的停车场栏杆器，栏杆在上升和下降的过程中，应该是锁定的状态，为了使通过的车辆更加安全，这一功能是非常重要的。

乐高公司还提供了放置涡轮的积木套装，称它为涡轮箱，如图 5-11 所示，这样在使用涡轮进行传动的时候就更加方便了。

下面就用涡轮箱来改进一下栏杆器,如图 5-12 所示。

图 5-11 涡轮箱

图 5-12 用涡轮箱制作的栏杆器

大家实践的时候会发现,只有手柄可以转动,而栏杆是抬不动的,这是由于涡轮有自锁的功能,这样在车辆通过时就会更加安全。

 作业

(1) 说一说涡轮有什么特点?
(2) 试一试涡轮还可以与其他的齿轮进行传动吗?

 搭建参考

1. 齿轮夹子搭建

(1) 把弯梁当作夹子	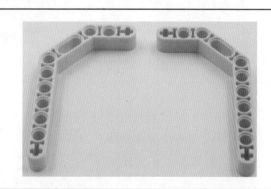
(2) 24 齿齿轮	

（3）齿轮传动	
（4）连接两个长销连接器	
（5）连接弯梁	
（6）最终完成的夹子	

2. 涡轮夹子搭建

（1）连接轴和轴连接器	
（2）连接两个直角红梁	
（3）连接蓝色长销	
（4）两侧连接两个三孔圆梁	
（5）连接轴、轴套和轴连接器	
（6）连接红色直角梁	

（7）两侧连接两个黑色圆销	
（8）将上、下两部分进行连接并插入圆销	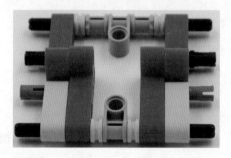
（9）将两侧插入圆梁	
（10）搭建涡轮转动轴	

续表

（11）将转动轴进行连接	
（12）加入 24 齿齿轮传动	
（13）齿轮背面	
（14）将夹子插在轴上	

（15）合并夹子

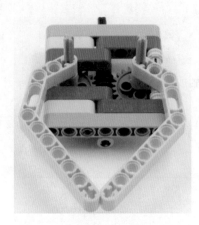

（16）涡轮传动

（17）打开夹子

3. 涡轮箱栏杆器搭建

（1）涡轮箱	
（2）涡轮套装所需要的零件	
（3）将积木放入涡轮箱中	
（4）安上手柄	

（5）装上栏杆

（6）插入黑色圆销

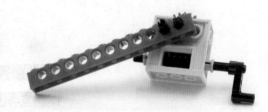

（7）插入两孔连接件

（8）将栏杆器抬起

（9）将绿色积木板用作底板	
（10）连接涡轮套装与绿色积木板	
（11）完成后的栏杆器	

第6课 连杆原理——抓木机

 提出问题

机器人可以帮助人类做很多事情,生活中的一些事情也可以用机器人来解决,你是否可以做一个能够帮助人捡拾东西的机器人呢?

 联想

如图6-1所示,我们经常会弯腰捡拾东西,如果机器人可以帮助我们捡拾东西该有多好啊! 如图6-2所示,想一想在生活中都有哪些可以捡拾东西的机器人呢?

图6-1 捡拾物体

图6-2 抓木机

 要求

制作抓木机的要求如下:木材被砍伐后,人力无法搬动又长又重的树,因此制作一个抓木机帮助人抓取木头。

(1) 可以捡拾木头。

(2) 可以手动控制抓木机进行工作。

构建

1.底座的制作

1) 底座

用一块红色乐高板作为底座,上面搭建一个立梁,这样做是为了固定后面制作的连杆结构,如图6-3所示。

2) 手动控制部分

利用上节课学习的涡轮来完成手动控制部分，这样可以起到减速和自锁的作用，抓木头时就可以又稳固又安全了，如图 6-4 所示。

图 6-3   底座

图 6-4   连接涡轮

技能牌：连杆机构。

机器人的动力主要来自于电动机，电动机的运动是圆周运动，很多时候机器人要做上下或左右的往复运动，这时就要利用连杆机构，它可以实现把圆周运动转变为上下或左右的往复运动，如图 6-5 所示。

在图 6-5 中，A 和 D 是不动的点，称为机架，与机架相连的 AB 和 CD 叫机架杆。AB 机架杆做圆周运动，也称为曲柄。CD 连杆会被带动做往复运动，称为摇杆。连接两个机架杆的 BC 称为连杆。此连杆机构称为曲柄摇杆机构。

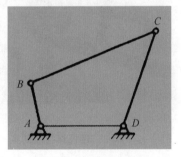

图 6-5   曲柄摇杆机构

2. 连杆的制作

如图 6-6 所示，当转动涡轮带动大齿轮时，连杆被固定在大齿轮的偏心位置，这样连杆就会随着大齿轮做转动，从而带动红色的摇杆做上下往复运动。

3. 夹子的制作

如图 6-7 所示，夹子利用两根弯曲的圆梁来制作，技巧是将左边的弯梁固定住不动，右边的弯梁用圆销固定即可。这样在连杆上下运动的时候，夹子也会做打开和关闭的动作。

抓木机制作完成了，旋转手柄，看一看抓木机是如何抓取物体的？

图 6-6　连杆结构

图 6-7　夹子

优化与改进

上面制作的夹子只是依靠摇杆的往复摆动来进行开启和闭合的,并不能夹起物体,它的实用性不高,还不能达到夹起物体的水平。现在就把夹子改进一下,让夹子可以夹住物体,如图 6-8 和图 6-9 所示。

图 6-8　连杆结构控制夹子

图 6-9　连杆结构控制夹子背面

可以看到,在横梁上又制作了一个连杆结构,当转动上面的齿轮时,就会带动连杆,从而让其中的一个夹片做前后的往复运动。因此,只要转动手柄就可以实现夹子的开启和关闭。

实践与讨论

涡轮箱上的大齿轮转动一周,连杆的运动是什么样的? _____

_____

在生活中还有哪些设备是利用连杆的结构? _____

_____

拓展

技能牌:曲柄滑块(如图 6-10 所示)。

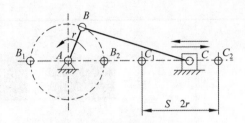

图 6-10　曲柄滑块

当曲柄 AB 转动一周,通过连杆 BC 连接的滑块,会做左右直线的往复运动,称为曲柄滑块。

 作业

回忆一下,在第 2 课中曾制作过单开门,如图 6-11 所示。门锁的结构是什么样的呢?

图 6-11　单开门门锁

提示:大家可以看到制作的门锁就是一个连杆结构,使用一个三孔连接件作为曲柄,通过转动门把手带动曲柄转动,连接在曲柄上的连杆做上下运动,从而实现了锁门的功能。

 搭建参考

抓木机搭建

（1）红色乐高积木板	

续表

（2）制作立梁所需积木零件	
（3）搭建立梁	
（4）立梁与红色乐高积木板连接	

（5）底座后视图	
（6）涡轮箱	
（7）涡轮连接齿轮和滑轮（手柄）	
（8）涡轮与底座相连接	

续表

（9）连杆结构所需的乐高梁和圆销	
（10）搭建连杆结构	
（11）连接连杆结构与底座	
（12）制作夹子所需的乐高零件	
（13）夹子的制作	

（14）将夹子固定到红色方梁上	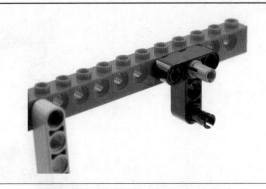
（15）连接夹子与梁	
（16）完成夹子的制作	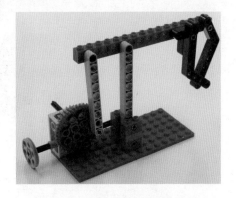
（17）完成的抓木机	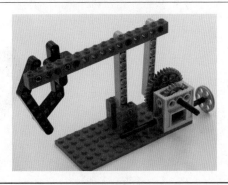

（18）夹子不能自动开启和关闭，需要改进

（19）制作控制夹子的手柄

（20）安装手柄

（21）连接 24 齿齿轮

（22）在连杆一端连接夹子，另一端连接齿轮

（23）完成可以夹木头的抓木机

（24）抓木机后视图

第 7 课　连杆原理——马儿快跑

 提出问题

在生活中,经常会看到各种各样的动物,如鸟、猫、狗等。其实仿生机器人也是机器人学科中一个非常重要的研究内容,如机器鱼、机器螃蟹等。这节课就来制作机器马,让马儿跑起来!

 联想

生活中的马儿都是什么样子的? 如图 7-1 和图 7-2 所示。

图 7-1　马儿 1

图 7-2　马儿 2

 要求

(1) 机器马要用腿来行走。

(2) 机器马可以向前或向后走动。

 构建

技能牌:大型电动机。

电动机是机器人中最基本的驱动力。乐高 EV3 中利用电动机可以使机器人行走,让机器人抬起手臂,可以让机器人动起来。乐高的大型电动机转速为 170r/min,扭矩为 20N·cm,如图 7-3 所示。

首先,利用乐高大型电动机制作一匹小马。以乐高电动机为马的身体,在电动机上直接拼接马腿。

图 7-3　乐高大型电动机

1. 前腿制作

前腿利用两个弯曲的圆梁,连接到电动机的偏心处,这样圆梁就作为连杆。注意两条前腿,应该是一高一低,一条腿贴地时,另一条腿就应该是稍微离地的状态,如图 7-4 所示。上面两个黄色摇杆的位置,如图 7-5 所示。这样当两条前腿转动时,黄色摇杆会做前后的往复运动。

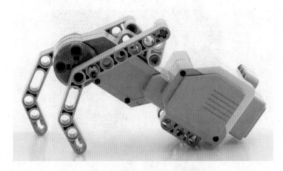

图 7-4 马的前腿

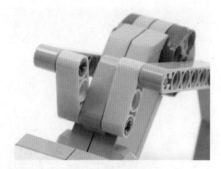

图 7-5 黄色连杆

2. 后腿制作

用一根红色圆梁作为连杆,连接蓝色梁,这样蓝色梁会做前后的往复运动。注意,蓝色梁的连接点下面的红梁部分就可以作为后腿,它与同一侧的前腿的运动正好相反,当前腿着地时,后腿离地;反之,前腿离地时,后腿着地,如图 7-6 所示。

3. 最终效果图

制作完成的小马如图 7-7 所示。可以看到,当小马行走时,左前腿与右后腿是同时着地与离地,而右前腿与右后腿是同时着地与离地,这样就保证了小马能够平稳地行进了。

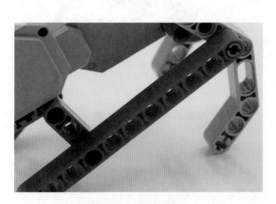

图 7-6 马的后腿

图 7-7 完成制作的小马

 优化与改进

前面制作的小马是依靠前腿带动后腿来行进,下面来制作一匹大马,大马的力量要更大，4 条腿都会有动力。

　　大马的腿部也是利用连杆的原理来制作。图 7-8 所示为一个三孔连接杆，利用这个三孔的连接件作为曲柄。如图 7-9 所示，通过将曲柄与下面连杆的连接，使得连杆能够进行前后的往复运动。

图 7-8　三孔连接件　　　　　　　　　　图 7-9　三孔连接件作为曲柄

　　图 7-10 所示为大马左侧的两条腿。图 7-11 所示为大马右侧的两条腿。

图 7-10　大马的左腿　　　　　　　　　　图 7-11　大马的右腿

　　把左腿和右腿安装到电动机上。注意，左腿的三孔连接件是一上一下，如图 7-12 所示。右腿的三孔连接件是一下一上，如图 7-13 所示。这样安装是为了保证当大马的左前腿和右后腿同时着地时，另外两条腿可以同时离地。

　　如图 7-14 所示，在电动机与腿部结构连接时，要注意红色销连接器与白色销连通器的连接。白色销连通器的作用是让销子可以在连通管中随意转动（如图 7-15 所示），这样才可以实现腿部的转动。

　　最终的大马效果图如图 7-16 所示。

图 7-12　左腿一上一下

图 7-13　右腿一下一上

图 7-14　红色销连接器

图 7-15　白色销连通器

图 7-16　完成的大马

 实践与讨论

我们制作的机器马的腿部行走机构是什么结构？_____

机器马如果在原地踏步而无法前进,应该如何改进结构? _____

装上乐高的电源,就可以控制电动机的转动,从而让马儿跑起来,如图 7-17 所示。

图 7-17　电源控制大马行走

🪧 **拓展**

如图 7-18 所示,贪吃蛇是利用多个平行连杆结构制作的,蛇的身体可以自由地伸长,它也可以任意地缩短,如图 7-19 所示。

图 7-18　贪吃蛇伸长

图 7-19　贪吃蛇缩短

在用电动机控制蛇伸长或缩短时,只要把一根连杆连接到电动机端,另一端固定在底架上就可以了。这样电动机就会带动一根连杆做前后的往复运动,从而带动多连杆结构进行伸缩运动,如图 7-20 所示。

这样就可以利用电动机来控制贪吃蛇了。当前方有食物时,可以控制蛇伸长身体取食;反之,当没有食物时,蛇会缩回身体,如图 7-21 所示。

图 7-20　连杆与电动机的连接

图 7-21　电动机控制贪吃蛇

可以看到,利用多个平行连杆可以构建出可伸缩的结构。在遇到需要抬起物体或者摸高等任务时,都可以利用这种连杆结构去构建。

 作业

(1) 连杆结构的作用是什么?

(2) 你能否利用平行连杆结构制作可以举起水杯的机器人吗?

 搭建参考

Ⅰ.小马搭建

(1) 乐高大电动机与长销连接	
(2) 三孔连接器和长销	

（3）将三孔圆梁与电动机连接	
（4）弯曲的圆梁作为小马的腿部	
（5）将马腿连接到电动机上	
（6）连接腿部后小马的上部	

（7）小马侧面	
（8）小马上方的黄色三孔圆梁作为摇杆使用	
（9）三孔蓝色圆梁和圆销	
（10）将三孔蓝色圆梁与电动机连接	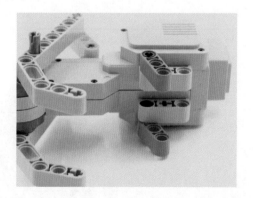

（11）连接后侧面

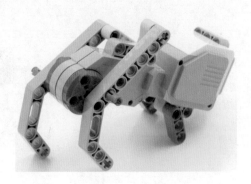

（12）红色圆梁和圆销

（13）红色圆梁与电动机连接

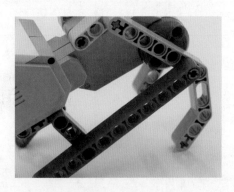

（14）小马底部

（15）小马侧面	

2.大马搭建

（1）长梁、24 齿齿轮和十字轴	
（2）将齿轮与长梁连接	
（3）腿部所需的积木配件	
（4）搭建腿部	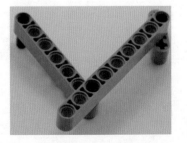

续表

（5）将腿部与长梁连接	
（6）40 齿齿轮	
（7）将 40 齿齿轮与长梁连接	
（8）24 齿齿轮	
（9）将 24 齿齿轮与长梁连接	

（10）将前腿与长梁连接	
（11）连接后侧面	
（12）长轴套和轴销连接器	
（13）将长轴套和轴销连接器与齿轮连接	

乐高 EV3 机器人初级教程

续表

（14）三孔连接器的安装，使之一上一下	
（15）另一条马腿的制作	
（16）乐高大电动机	
（17）白色销连通器	
（18）将白色销连通器与电动机连接	

11

续表

（19）将马腿与电动机连接	
（20）大马左腿侧面	
（21）大马右腿侧面	
（22）大马前视图	

（23）乐高电源	
（24）将电源与大马连接	

3. 贪吃蛇搭建

（1）用长梁搭建多连杆结构	
（2）将黑色长销与连杆结构连接	

（3）将直角梁与长销连接	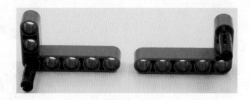
（4）将直角梁与多连杆结构连接	
（5）蛇牙的正面	
（6）蛇牙的背面	

（7）将蛇牙与多连杆结构连接	
（8）蛇的下面牙齿	
（9）将蛇的下面牙齿与多连杆结构连接	
（10）底部固定部分正面	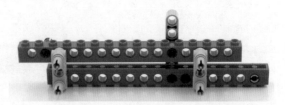

(11) 底部固定部分背面	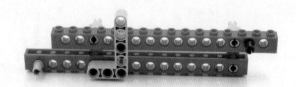
(12) 乐高电源	
(13) 将乐高电源与蛇底部连接	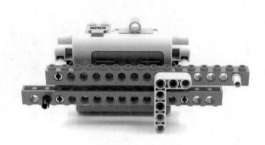
(14) 电源连接后的侧面图	

续表

（15）将乐高大电动机与轴和销连接	
（16）将直角梁与电动机连接	
（17）将黑色圆销与电动机连接	
（18）将多连杆结构与电动机连接	

续表

（19）俯视图	
（20）贪吃蛇侧面图	
（21）贪吃蛇另一侧面图	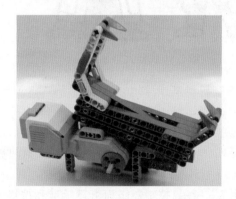

第8课　程序设计——机器人的大脑和初步编程

提出问题

机器人可以代替人类完成很多任务，它可以进行水下作业，可以在医院辅助医生给患者治病，非常厉害！我们知道人可以通过大脑思考，那么机器人是如何进行思考的呢？它是如何像人一样完成各种工作的呢？

联想

如图 8-1 所示，机器人可以像人一样进行思考，那机器人的大脑究竟是什么呢？

技能牌：乐高机器人的大脑——EV3 控制器（如图 8-2 所示）。

图 8-1　机器人和人

图 8-2　EV3 控制器

EV3 控制器基于 Linux 操作系统，300MHz ARM9 处理器，16MB 闪存，64MB 随机存储器。

EV3 控制器是乐高机器人的大脑，换句话说，乐高机器人的数据计算、电动机控制、传感器采集都要通过控制器来完成。下面先介绍一下 EV3 控制器。

如图 8-3 所示，控制器正面由显示屏和按键组成，按钮分别为①返回按钮、②确定按钮、③上、④下、⑤左、⑥右 6 个按钮组成。

如图 8-4 所示，控制器侧面有 USB 插口和 SD 卡插口，USB 口可以连接 USB 无线网卡，但网卡需要匹配控制器的硬件要求。SD 卡可以扩展控制器的内存，最大可以扩展到 32GB。

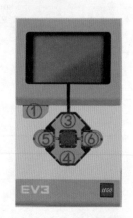

图 8-3　EV3 控制器按键

图 8-4　EV3 侧面

如图 8-5 所示,控制器前面是 A、B、C、D 这 4 个输出口,输出口可以连接电动机或灯。此外,还有控制器的 PC 程序传输口,通过这个接口可以使用数据线把程序传输给控制器。

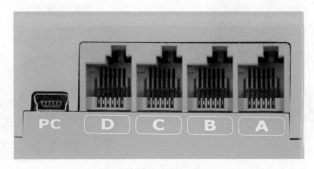

图 8-5　EV3 前面

如图 8-6 所示,控制器后面是 1、2、3、4 这 4 个输入口,输入口用来连接传感器。传感器采集的数据可以传输给控制器去处理。

图 8-6　EV3 后面

 要求

指定距离的机器人小车：小车向前行走 50cm,然后停车,并鸣笛。

(1) 小车向前行走的距离越准确越好。

(2) 小车停下后要鸣笛示意。

机器人小车要向前行走一段距离,然后停下,这就需要通过乐高机器人的大脑——EV3 控制器来对乐高电动机进行控制。下面使用 EV3 控制器来制作一辆机器人小车。

⚙ 构建

我们来搭建一辆机器人小车,它使用两个电动机作为主动轮来控制小车行走,并用一个金属球作为从动的轮子,如图 8-7 所示。这里解释一下主动轮和从动轮。通过电动机传动后,可以主动转动的轮子称为主动轮;被动跟随转动的是从动轮,起到辅助支撑的作用。两个电动机通过数据线分别连接在控制器输出口的 B 和 C。

如图 8-8 所示,机器人搭建完成,前几节课都是利用电源控制机器人的动作,都需要依靠人为的操控。本节课运用 EV3 控制器来控制电动机的转动。为了达到这个目的,需要给机器人编写程序,只有把程序传输给控制器,控制器才可以控制机器人,完成规定的任务。

图 8-7 机器人小车底部

图 8-8 机器人小车侧面

技能牌:EV3 编程软件。

EV3 编程软件是一个图形化的编程语言,它的编程不需要去记忆程序命令和烦琐的结构,只需把各种图形化程序模块连接到一起就可以了,这样既形象生动又简单易学。

打开软件后新建一个文件,如图 8-9 所示。编写程序时需要把下方的程序模块拖到白色区域并与前面图片用线连接起来。编好后的程序就像很多图片用线缝起来一样。

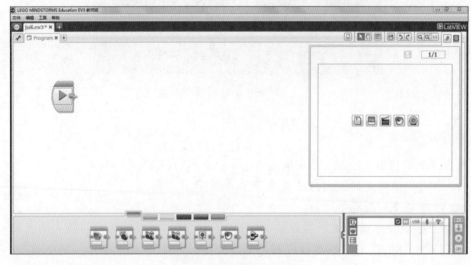
图 8-9 程序新建文件界面

算法与程序

1. 算法

为了让小车可以准确地行驶到 50cm 处,可以让小车以相同的速度前进,并从起点到 50cm 处进行计时,把时间记录下来。再把这个时间写到程序中,让小车按照这个时间前进,这样小车就可以前进到终点处停下来。根据这个想法,通过以下 6 个步骤来实现。

2. 程序

1) 编写程序,让小车一直向前行驶

通过"移动转向"模块控制小车向前。在模块右上方选择"B+C",左下方选择"开启"模式,这时模块下方分别有两个选项,分别是方向和功率,如图 8-10 所示。

方向:-100~100,数值代表机器人的方向,数值不同机器人转的方向就会不同,0 代表直行。

功率:-100~100,正、负代表前进或后退,正方向为电动机顺时针转动,负方向为电动机逆时针转动。数值代表功率的大小。

技能牌:循环结构。

为了让小车一直向前,在程序里加入循环结构。循环结构可以使程序语句被循环执行。在需要重复使用代码的时候,会经常用到循环结构,如图 8-11 所示。

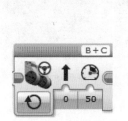

图 8-10　**移动转向模块**

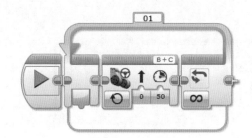

图 8-11　**循环结构**

2) 计时,把时间记录下来

记录小车行驶 50cm 距离所需的时间,把时间输入程序中,并在"移动转向"模块的左下角选中"开启指定时间"。把记录的时间放到时间选项中,如 2.8s。有了时间就可以去掉循环语句,让小车按照时间去行走。程序如图 8-12 所示。

3) 发出声响

在小车到达终点后,发出声音。选择声音模块,可以在右上角选择乐高提供的各种声音文件。程序如图 8-13 所示。

图 8-12　**小车前进 2.8s**

图 8-13　**到达终点并发出声音**

4）保存

如图 8-14 所示，保存项目名称为 juli.ev3，EV3 程序所编写的程序文件名的后缀是 *.ev3。

图 8-14　保存文件

5）下载

（1）长按控制器的"确定"按钮，使控制器开机。

（2）将下载传输线连接在 EV3 控制器和计算机的 USB 口。

（3）单击"下载"按钮。下载按钮在程序的右下角，如图 8-15 所示，在最右端 EV3 字母下方，3 个按钮分别是"下载"、"下载并运行"和"运行已选模块"。

6）运行

如图 8-16 所示，在 EV3 控制器中，选择文件夹中的"juli"文件夹，然后单击"确定"按钮，选择"program"，就可以运行程序来控制机器人了。

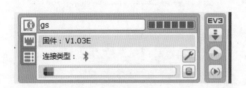

图 8-15　程序下载

图 8-16　EV3 显示文件夹

 优化与改进

现在用另一种方法来解决问题。我们已经知道路程是 50cm，那么只要知道乐高轮胎的直径，就可以通过轮胎转动的圈数来控制小车行走的距离。

改进步骤如下所述。

（1）乐高轮胎的直径。

我们使用的乐高轮胎的直径是 43.2mm，这个数值在乐高轮胎上已标明，查看一下就可以知道，如图 8-17 所示。

（2）通过直径计算周长。

根据公式：

$$L = \pi d$$

式中，π 是圆周率 3.14；d 是乐高轮胎的直径；L 是轮胎的周长。

图 8-17　乐高轮胎

经过计算得到

$$L = 3.14 \times 43.2 = 135.6 \text{mm（保留一位小数）}$$

（3）根据周长 L 和距离 s，计算出轮胎需要转动的圈数。

$$圈数 = \frac{s}{L} = \frac{500}{135.6} = 3.7 \text{圈（保留一位小数）}$$

图 8-18　**小车前进 3.7 圈**

（4）编写程序。

由于乐高电动机里配有转速传感器，可以测量电动机转动的角度和转速。因此可以在"移动转向"模块左下角选择"开启指定圈数"，并输入圈数为 3.7（1 圈＝360°）。程序如图 8-18 所示。下载并运行程序，看一看机器人是否可以走 50cm 的距离呢？

🔒 实践与讨论

机器人是如何能够思考问题或做出动作的？_____

_____

利用时间和角度两种测量方法控制机器人行走，哪一个更加准确呢？为什么？_____

_____

🪧 拓展

机器人走四方形：刚才已经走了一条 50cm 的直线，下面请你让机器人出发后走一个正方形，最后让机器人回到起点。

技能牌：机器人转弯。

机器人转弯还是利用"移动转向"模块，为了更加精确，选择"开启指定度数"，方向改为 51 向右转动，功率 50，角度 390°，如图 8-19 所示。

注意：转弯的角度要根据机器人所走的场地和机器人的结构来确定。通常使机器人转到 90°的位置，要不断地修改方向值去测试机器人的转动位置。

最终的程序如图 8-20 所示。

注意循环结构，选择好计数循环的次数。由于要走四边形，因此循环次数取值为 4。

图 8-19　**机器人转弯 390°**

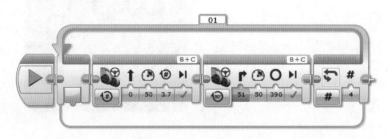

图 8-20　**程序循环 4 次**

通过这个例子可以看到,机器人的动作是由程序来控制的,机器人本身是不会像人一样进行思考的,但是通过给机器人输入程序后,就可以让机器人像人一样进行思考和动作了。

 作业

如图 8-21 所示,如果让机器人小车前进,碰到障碍物后停止(障碍物固定在地面上,小车不会推动),并发出声响,你应该用时间还是角度去控制机器人电动机的转动呢? 说说为什么?

图 8-21　机器人碰到障碍物停下

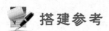 搭建参考

机器人小·车搭建

(1) 将乐高大电动机与十字轴连接	
(2) 乐高四方形连接器	

（3）轴销连接器	
（4）乐高四方形连接器固定电动机	
（5）将黄色长梁与圆销连接	

（6）将黄色长梁固定在电动机上	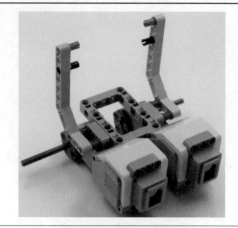
（7）双销直角连接件	
（8）将双销直角连接件与绿色三孔 圆梁连接	
（9）连接黑色圆销	

续表

（10）直角梁	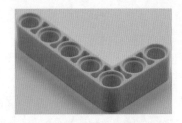
（11）将直角梁与圆销连接	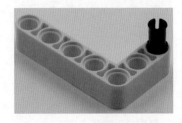
（12）将直角梁固定在双销直角连接件上	
（13）制作对称的两个积木件	
（14）用灰色梁连接两个积木件	

续表

（15）前面已做好的电动机

（16）将连接件固定在电动机上

（17）车体底部

续表

(18) 将四方形连接器固定在背面	
(19) 将 4 个轴销连接件加固	
(20) 双销直角连接器	
(21) 红色直角梁	

（22）将双销直角连接器与红色直角梁连接	
（23）制作对称的两个部件	
（24）乐高金属球和球罩	
（25）将乐高金属球放在球罩中	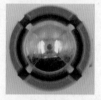
（26）蓝色长销	
（27）将蓝色长销与金属球连接	

（28）连接前面做好的两个对称的 　　　积木件	
（29）十字轴	
（30）将十字轴插入球罩中	
（31）前面做好的小车底部	

（32）将金属球固定在小车后面	
（33）小车轮胎	
（34）前面已制作好的小车	
（35）将轮胎固定在电动机上	

（36）EV3 控制器	
（37）安装完轮胎的小车侧面	
（38）将乐高导线插入电动机插口里	
（39）将 EV3 控制器固定在小车上	

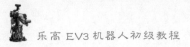

（40）小车底部	
（41）小车背面	

第 9 课　程序设计——智能风扇

 提出问题

在前面的课程中，制作了手摇风扇，如图 9-1 所示。那么如何让风扇更加智能呢？在日常生活中，我们都是通过开关来控制风扇，本节课就来给风扇加上开关，通过开关来控制风扇的转动。

✎ 联想

要利用 EV3 控制器（见图 9-2）控制风扇的转动，并且要使用一个按钮当作开关去控制风扇转动的开始和停止。

图 9-1　手摇风扇

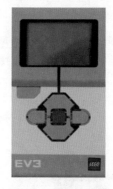

图 9-2　EV3 控制器

 要求

智能风扇制作要求如下：
（1）使用 EV3 控制电动机转动风扇。
（2）通过开关控制风扇转动。

 构建

技能牌：触动传感器。

触动传感器相当于机器人的手,当触动传感器的红色触点被按下或松开的时候,这些事件都可以被机器人所感知,如图 9-3 所示。乐高触动传感器有 3 种状态,即按压、松开和碰撞。

(1) 按压:当触点被按下后,触动记数加 1。

(2) 松开:当触点松开后,触动记数加 1。

(3) 碰撞:当触点按下,然后松开后,触动记数加 1。

智能风扇的安装如下所述。

1) 电动机的选择

电动机选择乐高的中型电动机,又称为高速电动机,如图 9-4 所示。它的转速为 250r/min。但是中型电动机的扭矩相对较小。

图 9-3　触动传感器

图 9-4　乐高中型电动机

2) 电动机的安装

将风扇的手柄去掉,把电动机直接安装在手柄位置。这时会发现风扇会往电动机这一侧倾斜,为了调整好重心,在另一侧安装一个黑色的配重块。这样使风扇能够平稳地立在桌面上,如图 9-5 所示。

3) 安装触动与 EV3 控制器

电动机通过数据线连接在输出口 A 上,触动传感器通过数据线连接在输入口 1 上,如图 9-6 所示。

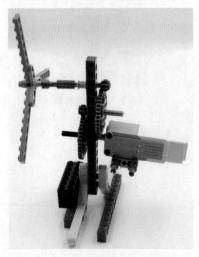

图 9-5　中型电动机控制风扇转动

输出口 A

输出口 1

图 9-6　EV3 控制风扇转动

算法与程序

1.算法

当第一次按下触动传感器时,风扇转动;当再次按下触动传感器时,风扇停止。

2.程序

(1)选择"等待"模块,并选择"触动传感器"的"比较"选项,端口选择 1,状态选择"1" 按压,如图 9-7 所示。

(2)控制中型电动机转动。中型电动机的设置为"开启"模式,如图 9-8 所示。

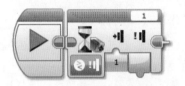

图 9-7　等待触动被按压

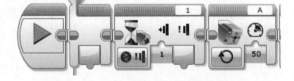

图 9-8　中型电动机模块设置"开启"模式

(3)完整程序。再次按下触动按钮使风扇停止,因此再放入一个触动等待模块,并停止电动机,如图 9-9 所示。

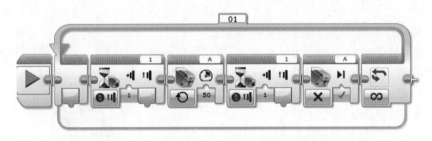

图 9-9　触动按钮控制风扇转动和停止

注意:一定要把程序放入循环语句中,否则只会运行一次。

优化与改进

刚才的程序在运行的时候大家有没有发现问题呢?当长时间按触动后,松开的时候电动机可能不会转动,这是为什么呢?

由于 EV3 控制器采集一次触动状态的时间非常短,由于程序中的两个触动等待模块都是等待"按下"的状态,因此,当我们在长按触动时,控制器已经采集了很多次"按下"的状态,这样电动机还没有转动,就已经执行了后面停止电动机的程序。

下面需要改进一下程序,让我们的程序不再出现这样的情况,在触动传感器的各种状态中有一种状态是"碰撞",它的意思是触动传感器按下然后松开算为碰撞一次。利用这个"碰撞"状态就可以解决刚才的问题,程序修改如图 9-10 所示。

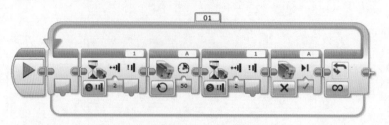

图 9-10　触动状态改为 2"碰撞"

 实践与讨论

请你说说触动传感器中的"按压"、"松开"和"碰撞"有什么区别？_____

_____

 **拓展**

避障小车：触动传感器除了用作开关以外，还有一个重要的用途就是避障，将传感器安装在机器人小车的前面，当触动传感器接触到前方障碍物的时候，机器人就可以感知前方有障碍物并进行躲避或绕行。

１. 构建

安装触动传感器要注意以下两个问题：

（1）触动传感器前面的红色触点很小，这样在碰撞障碍物的时候有可能碰不到，这是个很严重的问题，会影响到机器人的运行。因此，要制作一个辅助的接触面，来增大接触面积，让触动传感器的接触点更容易接触到障碍物。

（2）触动传感器安装在机器人小车上要非常牢固，由于触动传感器会与障碍物进行碰撞，传感器一旦在碰撞中掉落，那么机器人就会四处乱撞了。

增大触动传感器的接触面积。用乐高积木搭建辅助接触面，并且要牢固地安装在触动传感器上，如图 9-11 和图 9-12 所示。

图 9-11　**触动传感器侧面**

将触动传感器安装在机器人的最前面，要能够保证当碰到障碍物的时候，触动传感器是最先接触到的，如图 9-13 所示。

２. 算法与程序

（1）算法：当机器人小车没有碰到障碍物时一直前进；当碰到障碍物后后退，并向左转向，然后继续前进。

（2）程序：避障小车的程序，如图 9-14 所示。

 作业

请利用触动传感器制作一辆线控小车，使用 3 个触动传感器控制小车行走，一个控制向左走，一个控制向右走，还有一个控制向前走。

图 9-12　触动传感器正面

图 9-13　触动传感器固定在小车前面

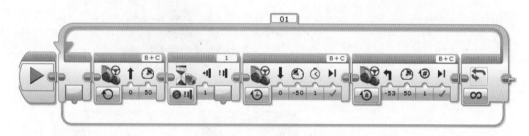

图 9-14　避障小车程序

　　提示：可以用多任务程序结构，在程序中可以并行连接多条程序，这些程序可以并行运行。并行程序的连接如图 9-15 所示。

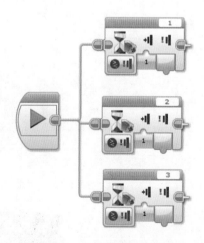

图 9-15　并行程序连接提示

 搭建参考

I. 智能风扇

（1）乐高中型电动机	
（2）轴销直角连通器	
（3）轴销转接件	
（4）将轴销连接件连接在电动机上	
（5）乐高铅块	

（6）将乐高铅块固定在风扇底部	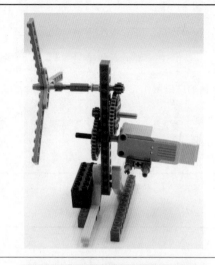
（7）十字轴和轴套	
（8）将十字轴固定在中型电动机下方	
（9）将三孔连接件与红色长销连接	

续表

(10) 智能控制的风扇制作完成	

2. 避障小车搭建

(1) 乐高触动传感器	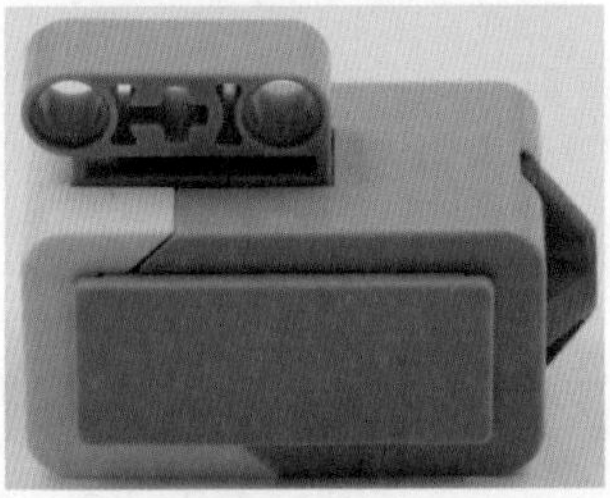
(2) 把长销与十字轴固定在传感器上	
(3) 连接圆梁与黑色圆梁	
(4) 连接直角圆梁	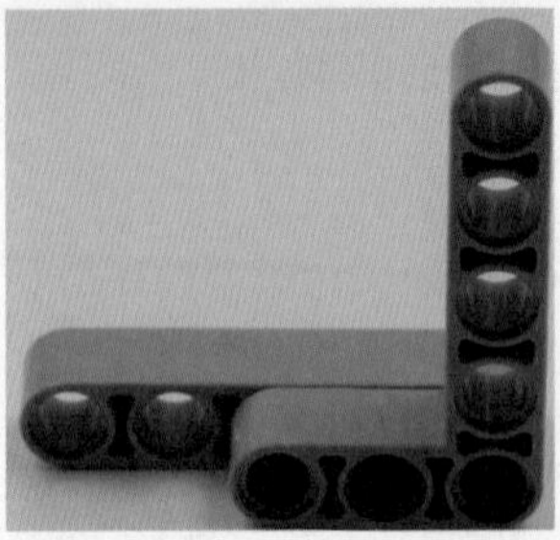

（5）制作一个对称的积木件	
（6）将积木件固定在触动传感器上	
（7）触动的前视图	
（8）直角圆梁	
（9）连接直角圆梁与长销	

续表

（10）三孔圆梁	
（11）将三孔圆梁固定在直角圆梁上	
（12）两孔圆梁	
（13）连接两孔圆梁与直角圆梁	
（14）制作一个对称的直角圆梁并连接起来	
（15）十字轴	

续表

（16）连接十字轴与直角圆梁	
（17）黑色十字长轴	
（18）用黑色十字长轴将直角圆梁与触动传感器连接	
（19）连接后触动传感器的正面图	
（20）两个轴销转接器	

（21）将轴销转接器与触动传感器的底部连接	
（22）两个蓝色长销	
（23）将蓝色长销固定在小车前面	
（24）连接触动传感器与蓝色长销，完成小车制作	

第 10 课　程序设计——机器人大力士

提出问题

日本盛行一种叫作"相扑"的比赛，比赛时两位大力士在一个圆圈内相互角力，一方把另一方推出圈外后就会获得比赛的胜利，如图 10-1 所示。你能制作一个机器人大力士吗？让机器人去参加"相扑"比赛。

联想

相扑机器人如果做成人形进行角斗是最理想的，但人形机器人的制作比较复杂，再去进行比赛就更难实现了。因此，这里利用上节课制作的机器人小车作为机器人大力士。

要求

机器人相扑示意图如图 10-2 所示。

图 10-1　相扑运动

图 10-2　机器人相扑

（1）机器人大力士不能出圈。

（2）遇到对手时要相互角力。

构建

机器人大力士在行走的过程中是不能主动出圈的，出圈后比赛就输了。要使机器人不出圈就要让机器人能够准确识别黑线，那机器人如何能够识别黑线呢？这就要依靠机器人的眼睛——颜色传感器。

技能牌：颜色传感器（如图 10-3 所示）。

EV3 套装中提供了颜色传感器，颜色传感器就像机器人的眼

图 10-3　颜色传感器

睛一样,它可以识别颜色或光的强度。颜色传感器提供了 3 种功能:颜色;反射光线强度;环境光强度。

机器人大力士主要利用颜色传感器的"反射光线强度"功能,它的原理是:颜色传感器的发射端口将会发射红光,红光从物体反射回来被接收端口接收。我们会看到反射回来的百分比为 0~100。数值越小表示光线越弱,数值越大表示光线越强。这里要注意反射的数值会受到物体的颜色、材质或环境光线的影响。

颜色传感器安装:颜色传感器的端口要朝下,如图 10-4 所示,并且要考虑到当前机器人测试的环境,如果安装在小车的前方就要注意环境光对传感器的影响。因此,为了将影响降到最低,通常将颜色传感器安装在机器人的车底,如图 10-5 所示。这样既可以避免环境光对颜色传感器的干扰,而且在机器人相互碰撞的时候也不会把传感器撞歪或撞掉。颜色传感器通过数据传输线连接在控制器输入端口 3。

图 10-4　颜色传感器的端口朝下

图 10-5　将颜色传感器安装在车底

算法与程序

1. 算法

当机器人前进的时候,会始终通过颜色传感器检测地面光强,如果是白色地面机器人会一直前进;如果遇到黑线,机器人就会停止,后退并转向,然后朝其他方向继续前进,根据算法编写以下程序。

2. 程序

(1)选择"移动转向"模块。注意这里要选择"开启"选项,如图 10-6 所示,电动机会一直转动。如果选择时间或角度,经过所设置的时间或角度后,电动机会停止,这样机器人就会一直停下来。这是初学者经常会犯的错误,在编程的时候一定要注意这个问题。设置好电动机方向和电动机功率的模块程序如图 10-7 所示。

(2)选择"流程控制"类中的"等待"模块。在需要等待时间或等待一个条件时经常会用到这个模块,如图 10-8 所示。

(3)在"等待"模块中选择"颜色传感器"→"比较"→"反射光

图 10-6　选择"开启"

线强度"，如图 10-9 所示。将右上角端口设置为 3，注意端口所设置的数值一定要与传感器连接的端口一致。

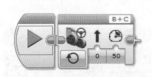

图 10-7 电动机模块及其参数

图 10-8 等待模块

图 10-9 选择反射光线强度

这个模块的作用是：当条件不成立时会始终运行前一个模块的动作，一旦条件成立，就会执行后面的模块，我们经常会把它比喻成生活中的门，当条件不成立的时候门是不开的，只能执行前面的模块；当条件成立时门就开了，就可以执行后面的模块了。

（4）阈值的输入。阈值是条件的比较值，在这里阈值应该是黑色和白色的中间值，举个例子，当黑色光值为 40，白色光值为 60 时，就会选择中间的一个值 45 或 55 作为阈值。

如果在机器人前进的过程中，它测到的光值小于阈值，这时机器人会知道当前位置是在黑线上；当前光值大于阈值即认定为在白色区域。由此就可以通过比较来判断当前的位置是白色区域还是黑线。

技能牌：阈值的测量。

在 EV3 控制器中打开"Port View"程序块，如图 10-10 所示。选择 COL-REFLECT 功能，即"反射光线强度"功能。在端口查看中可以看到端口 1 颜色传感器的数值，数值范围是 0～100。测量的时候测两次，传感器放在白色区域读一次值，值为 96，如图 10-11 所示。放在黑色区域读一次值，值为 4，如图 10-12 所示。

图 10-10 打开"Port View"程序块

测量值的大小要根据场地的材质而定，地砖和白色灯箱布的差别还是很大的。根据笔者所测量的光值，最终阈值取为 50。

（5）检测到黑线后，让机器人停止，并向后退 1s，然后转向 1s，如图 10-13 所示。这里要设置一个让机器人向后退的动作,因为当检测到黑线后,机器人的位置已经处在黑线的上方,如果直接转动,很容易让传感器接触到圈外,这样机器人很容易出现走出圈的动作。

图 10-11　读白色区域值

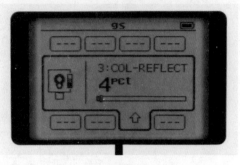
图 10-12　读黑色区域值

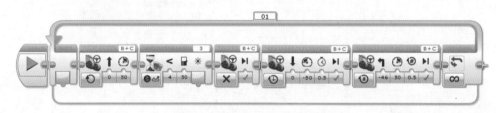
图 10-13　检测黑线后向后退 1s

下载程序,在运行时可以看到机器人碰到黑线后会停下,并后退和转向,后退和转向的时间可以根据你的场地大小进行取值。当然,对于电动机的控制也可以通过把时间控制转换为角度控制来进行动作。现在,机器人大力士可以上场比赛啦!

优化与改进

机器人大力士可以在圆圈内行走,但是我们看到机器人不能自动找到对手,它只是随机地进行移动,这样会使人觉得比赛不是非常精彩。

下面就进行一下改进,利用乐高的超声传感器来找到对手并进行角力。

技能牌:超声波传感器(如图 10-14 所示)。

超声波传感器可以测量前方物体与机器人之间的距离,它的原理是:超声传感器发出超声波,超声波从物体反射回来被超声传感器接收,根据声波发射与接收的时间计算出机器人与物体之间的距离。超声波传感器的测量范围是 0~255cm。

图 10-14　超声波传感器

1. 安装超声波传感器

超声波传感器安装在机器人的前方,将发射口一面朝前安装,如图 10-15 所示。这里要注意传感器的安装高度,不要安装得过高,要根据对方机器人的高度进行安装,否则会检测不到对手。将传感器通过数据线连接在控制器的输入口 4,如图 10-16 所示。

图 10-15 超声波传感器的安装

图 10-16 将超声波传感器固定在小车上

2. 算法与程序

1) 算法

机器人大力士在圈内旋转寻找对手,一旦发现对手,便前进与对手进行角力,同时,机器人要随时检测黑线,不能超越黑线走出圆圈。

2) 程序

(1) 机器人旋转寻找对手,通过超声波传感器来发现对手。将"等待超声波"模块中的单位设置为 cm,超声波传感器的测量范围为 0~255cm,在超声波距离小于 30cm 时可以发现对方,如图 10-17 所示。距离远近可以视比赛场地自行调整。

(2) 发现对手后,要与对手角力,但是机器人始终要监测超声测距和地面黑线检测两个条件,因此,光值的判断不能使用等待模块,在这里使用切换模块。

技能牌:切换模块。

切换模块可以进行条件的比较或者是多种条件的选择。切换模块实际整合了程序设计中的分支语句和多条件选择语句,如图 10-18 所示。

图 10-17 等待超声波小于 30cm

图 10-18 切换模块

用切换模块判断颜色传感器是否检测到地面黑线。当颜色传感器检测到黑线时,机器人后退并且转动;反之没有检测到黑线,机器人会向前行进 0.2s,如图 10-19 所示。

(3) 完整程序。如图 10-20 所示,这是相扑机器人的完整程序。

经过改进以后,机器人大力士就可以寻找到对手,并与对手进行角力,这将会让相扑比赛变得更加精彩。

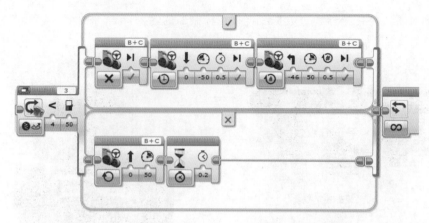

图 10-19　切换模块控制机器人识别黑线并控制电动机

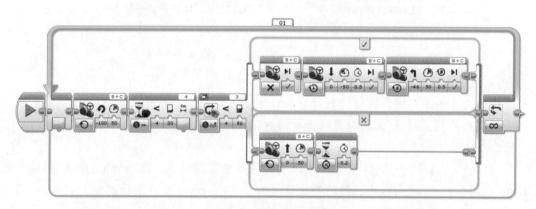

图 10-20　相扑机器人程序

🔒 实践与讨论

当测量黑线时,为什么光线强度值会小?_____

_____

颜色传感器离物体的距离是否会影响光线反射回来的比值? 如何影响?_____

_____

🗿 拓展

利用颜色传感器的"反射光线强度"功能,让机器人小车可以沿着黑线行走,如图 10-21 所示。

图 10-21　机器人小车走黑线

提示：要使机器人小车能够顺利地走黑线，要调整颜色传感器与电动机之间的轴距，把颜色传感器安装在车的前方，这样机器人小车走黑线的效果会更好。

完整程序如图 10-22 所示。

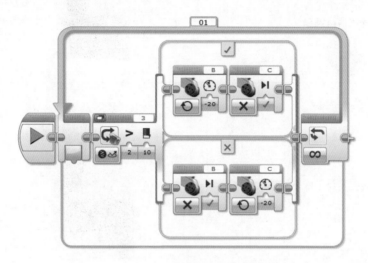

图 10-22　机器人小车走黑线

作业

利用颜色传感器的"颜色"功能，让机器人能够自动识别颜色，如检测红色时，让机器人发出语音信息——"Red"。

提示：选择颜色传感器"颜色"功能后，机器人可以识别无颜色、黑色、蓝色、绿色、黄色、红色、白色和棕色 8 种颜色，分别用数值 0~7 来表示，如图 10-23 所示。另外，用颜色传感器的切换语句进行多条件比较会使程序变得十分简单。

注意：当选择颜色传感器的"颜色"功能后，传感器与被测颜色之间要距离很近才可以测量得准确。

图 10-23　0~7 代表的 8 种颜色

搭建参考

I. 光电小车搭建

（1）轴销转接器	

（2）连接轴销转接器与圆销	
（3）连接轴销转接器与十字轴	
（4）颜色传感器	
（5）将轴销转接器固定在颜色传感器上	

（6）制作对称的轴销转接器并固定在颜色传感器上	
（7）机器人小车的底部	
（8）将颜色传感器固定在机器人小车的底部	
（9）完成颜色传感器的安装	

2. 超声小车搭建

（1）圆梁	
（2）圆梁与销连接	
（3）将长销固定在圆梁中	
（4）T 形圆梁	
（5）连接 T 形圆梁与圆梁	
（6）制作另一个 T 形圆梁	

（7）将 T 形圆梁固定在长梁上	
（8）超声波传感器	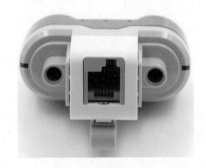
（9）将圆梁固定在超声波传感器上	
（10）机器人小车前面	

（11）将超声波传感器固定在机器人小车前面	
（12）完成后的机器人小车	

参 考 文 献

［1］ 郑剑春.机器人结构与程序设计[M].北京：清华大学出版社,2011.

［2］ 郑剑春.乐高——实战 EV3[M].北京：清华大学出版社,2014.

［3］ Yoshihito Isogawa. FANTASTIC CONTRAPTIONS[M]. San Francisco：NO STARCH PRESS，
2011.

［4］ 乐高教育.http：//education. lego. com/zh-cn.